AF468879

L'OZONE

DANS

l'Hygiène et l'Industrie

« Au passage de l'Ozone, les microbes sont détruits et les toxines brûlées....
Détruisez les microbes de la typhoïde, de la diphtérie, de la scarlatine, du choléra, et jamais vous ne verrez apparaître un seul cas de ces maladies. »

(PASTEUR)

PAR

L. LAFFITTEAU
INGÉNIEUR

ET

LE DOCTEUR LE MOIGNIC
ANCIEN MÉDECIN DE 1re CLASSE DE LA MARINE
COMMISSAIRE DU GOUVERNEMENT
PRÈS L'ÉTABLISSEMENT THERMAL DE VICHY

PARIS
ÉDITIONS ET LIBRAIRIE
40, Rue de Seine, 40

1912

DANS

l'Hygiène et l'Industrie

> « *Au passage de l'Ozone, les microbes sont détruits et les toxines brûlées....*
> *Détruisez les microbes de la typhoïde, de la diphtérie, de la scarlatine, du choléra, et jamais vous ne verrez apparaître un seul cas de ces maladies.* »
>
> (PASTEUR)

PAR

L. LAFFITTEAU

INGÉNIEUR

ET

LE DOCTEUR LE MOIGNIC

ANCIEN MÉDECIN DE 1re CLASSE DE LA MARINE
COMMISSAIRE DU GOUVERNEMENT
PRÈS L'ÉTABLISSEMENT THERMAL DE VICHY

PARIS
ÉDITIONS ET LIBRAIRIE
40, Rue de Seine, 40

1912

CHAPITRE PREMIER

L'Ozone atmosphérique

LA RESPIRATION ET LA NUTRITION

L'atmosphère, qui enveloppe notre globe sur une épaisseur d'environ 100 kilomètres, est constituée par un certain nombre de gaz, que l'on trouve dans les régions supérieures et sur les océans, dans les proportions suivantes sous 100 volumes :

21 volumes d'*oxygène*, 78 d'*azote*, 1 d'*argon*, une petite quantité d'*hélium*, de *néon*, de *xénon* et de *krypton*, de la *vapeur d'eau* en proportion variable, deux à quatre dix-millièmes d'*acide carbonique* et environ un dix-millionième d'*ozone*.

Au voisinage des agglomérations humaines, cette atmosphère est altérée par des éléments gazeux ou solides, qui sont le résultat de l'existence de l'homme en société.

Les premiers, *ammoniaque et gaz réducteurs*, se rattachent à trois ordres de causes : les décompositions organiques, l'industrie, les sécrétions des hommes et des animaux; les seconds : les *poussières organiques* viennent des oxydations naturelles, des frottements de toute nature et du travail industriel; les *micro-organismes* de la surface du sol, des habitations et du corps humain.

LES GAZ DE L'ATMOSPHÈRE

L'**Oxygène**, découvert par Priestley en 1774, fut, quelques années plus tard, trouvé dans l'air et dans l'eau par Lavoisier.

C'est un gaz très difficilement liquéfiable; il se combine directement à tous les corps simples, en s'unissant souvent à l'une au moins de leurs molécules, qu'il divise.

Ce phénomène, appelé « oxydation », se produit en dégageant une grande quantité de chaleur ; et l'on dit qu'il y a *combustion vive* lorsque l'oxydation est très rapide, comme dans le cas du soufre, du phosphore, du charbon, du fer, préalablement allumés ; et *combustion lente*, si l'oxydation est lente, par exemple quand le fer, abandonné dans l'air humide, se recouvre d'une couche de rouille.

La respiration aboutit elle-même, par l'oxygène et l'ozone, à une combustion des aliments dans l'économie.

L'**Azote** fut étudié, en 1772, par RUTERFORTH; LAVOISIER reconnut son existence à l'état libre dans l'air atmosphérique, en 1773.

Dans les fonctions de la respiration, il est le véhicule et le températeur de l'oxygène et de l'ozone.

L'**Argon** a été découvert, en 1894, dans l'atmosphère, par Lord RAYLEIGH et RAMSAY.

On a trouvé de l'argon dans quelques sources d'eaux minérales, notamment à Cauterets (Hautes-Pyrénées) et à Maizières (Côte-d'Or).

L'existence de l'**Hélium** fut reconnue en 1895 par RAMSAY; certaines eaux minérales et un grand nombre de minéraux en contiennent des traces.

Le **Néon**, le **Krypton** et le **Xénon** sont dus aux recherches de MM. RAMSAY et TRAVERS, en 1898.

MM. MOUREU et LEPAGE viennent d'établir que, dans l'atmosphère, le xénon est en rapport sensiblement constant avec le krypton et l'argon.

M. Georges CLAUDE a découvert un système d'éclairage au néon, au moyen de tubes luminescents.

La **Vapeur d'eau atmosphérique** a sa source dans l'évaporation incessante qui se produit à la surface du sol, évaporation d'autant plus rapide que la température est plus élevée.

L'**Acide carbonique** fut découvert par PARACELSE et défini par LAVOISIER, comme le résultat de la combinaison du carbone avec l'oxygène de l'air.

Ce gaz est incombustible et éteint les corps enflammés; il n'entretient pas la respiration, mais sa nocivité commence seulement quand l'air en contient 5 p. 100 de son volume; il devient mortel lorsque l'air en renferme 30 p. 100.

L'**OZONE**, découvert en 1783 par VAN MARUM, fut étudié

en 1840 par SCHOENBEIN, qui le considérait comme un produit d'oxydation de l'hydrogène.

Cette théorie a été détruite par MM. BECQUEREL et FREMY, qui ont établi que l'ozone est une modification allotropique de l'oxygène.

MM. ANDREWS et TAIT l'ont démontré, par l'expérience suivante :

En faisant passer une série d'étincelles électriques dans de l'oxygène, on constate que ce gaz diminue de volume au fur et à mesure de sa transformation en ozone et ne reprend son volume primitif, qu'après avoir été ramené à l'état d'oxygène.

SORET a également constaté que l'ozone est un état allotropique de l'oxygène, consistant en un groupement moléculaire de plusieurs atomes de ce corps : la molécule d'oxygène est formée de deux atomes OO et la molécule d'ozone de trois atomes OOO, deux de ces atomes constituant l'oxygène ordinaire, doué de ses propriétés connues, le troisième très actif. Le symbole de l'ozone est donc O^3, tandis que celui de l'oxygène est O^2.

La densité de l'ozone est 1,658, une fois et demie celle de l'oxygène.

L'ozone possède une odeur phosphorée. Sous une certaine épaisseur, il présente une teinte bleue très marquée, rappelant celle du ciel.

L'ozone est liquéfiable et sa température d'ébullition est — 119° ; il est peu soluble dans l'eau ; il est peu stable et la chaleur le transforme rapidement en oxygène.

L'ozone est un puissant agent d'oxydation ; il active les fonctions de la respiration et de la nutrition et épure l'air, en détruisant les gaz réducteurs.

LA SOURCE DE L'OZONE

Ayant démontré que l'ozone avait la propriété de déplacer l'iode, de l'iodure de potassium, SCHOENBEIN le premier, HOUZEAU ensuite ont constaté qu'un papier, imprégné d'iodure de potassium et d'amidon, bleuit sous l'influence de l'air atmosphérique; ils en ont conclu que l'ozone existe dans l'atmosphère.

Les méthodes chimiques de dosage de l'ozone ont été depuis

perfectionnées et voici celle que MM. Albert Levy et Henriet ont mis en usage à l'Observatoire de Montsouris :

Elle consiste à faire une double analyse, dans le but d'éliminer l'erreur provenant des gaz réducteurs que l'air peut contenir. Dans une première série A de barboteurs, renfermant de l'arsenite de potasse et de l'iodure de potassium, l'air aspiré par une trompe agit sur le liquide pour transformer, sous l'influence de l'ozone, une partie de l'arsenite en arséniate; mais, en même temps, les gaz réducteurs qui restent en solution agissent sur l'iode employé ultérieurement au titrage de l'arsenite restant et produisent un effet inverse de celui de l'ozone. Dans une seconde série B de barboteurs contenant la même solution que ceux de la première série, l'air ne pénètre qu'après s'être débarrassé de tout son ozone, par un passage à travers un tube de caoutchouc de 4 mètres de longueur (le caoutchouc retenant l'ozone); dans ces conditions, seuls les gaz réducteurs agissent sur le liquide.

Soient alors : N le nombre de centimètres cubes d'iode qu'il faut verser dans la liqueur servant de repère, pour obtenir la coloration bleue de l'iodure d'amidon; N' la lecture de l'appareil A; N'' celle de l'appareil B, et a la valeur de 1 centimètre cube d'iode en ozone. On aura, en supposant les lectures rapportées à 100 mètres cubes d'air et en appelant X la teneur de l'air en ozone :

$$X = a\,[(N - N') + (N'' - N)]$$

Cette méthode est plus scientifique et donne des résultats plus exacts que celle de Schoenbein et d'Houzeau; mais si l'on ne veut que constater la présence de l'ozone, il suffit d'exposer à l'air un papier de tournesol rouge, trempé dans une solution au vingtième d'iodure de potassium, la moitié iodurée doit bleuir par l'ozone.

L'ozone existe donc à l'état libre dans l'atmosphère. Mais quelle est sa source ?

M. Berthelot a reconnu, en 1878, que les tensions électriques atmosphériques engendrent de l'ozone.

L'état hygrométrique de l'air, les pluies, les orages, les plantes elles-mêmes, auraient une influence sur la production de l'ozone dans la nature, d'après Houzeau, Böckel et Bérigny. Marié-Davy a observé, d'autre part, que les vents de l'ouest et du sud sont très riches en ozone, tandis que les vents du nord n'en apportent pas.

Après huit années d'expériences, Houzeau a rangé les mois de l'année dans l'ordre suivant, d'après leur teneur en ozone : maximum en mai, puis mars, avril, juin, août, juillet, septembre, janvier, octobre, février, novembre, décembre. On en a conclu que les plantes dégagent de l'ozone, puisque celui-ci est maximum lorsque la végétation atteint sa plus grande activité et minimum à l'époque de la chute des feuilles.

MARIÉ-DAVY a combattu cette opinion, que soutiennent KOSMAN et le Dr PEYROU. Divers expérimentateurs ont cependant constaté que l'atmosphère des forêts est plus riche en ozone que celle des lieux non boisés.

Quoi qu'il en soit, on n'a pas démontré que les phénomènes de végétation produisent de l'ozone. Il est indéniable, au contraire, que l'électricité atmosphérique est une de ses sources, mais non la principale.

De minutieuses expériences entreprises en 1906 et 1907, à l'Observatoire de Montsouris, par MM. HENRIET et BOUYSSY, ont permis d'établir que l'augmentation du taux de l'ozone est due à trois causes : *les vents du sud-ouest et de l'ouest*, *la pluie* et *la lumière solaire*, indiquant que l'ozone atmosphérique a pour origine l'action des rayons ultra-violets du soleil, dans les couches supérieures de l'atmosphère.

1° **Influence des vents.** — MM. HENRIET et BOUYSSY ont constaté que l'ozone, minimum par les vents d'est, croît régulièrement de l'est au sud-ouest et à l'ouest où il est maximum, tandis que l'acide carbonique suit, sur la rose des vents, une marche contraire; ce qui démontre que l'ozone augmente quand l'acide carbonique diminue et inversement.

Mais, l'acide carbonique a une origine essentiellement terrestre. La circulation horizontale des vents l'empêche de s'élever beaucoup; il peut d'autant moins s'élever, qu'il est en partie absorbé par les plantes et dissous par la mer; il est maximum dans les couches inférieures.

L'abaissement du taux normal d'acide carbonique, qui correspond à une augmentation de la proportion d'ozone, ne peut donc être dû qu'à un apport des régions élevées de l'atmosphère.

Il s'ensuit que l'ozone prend naissance dans ces régions.

2° **Influence des pluies.** — Les expérimentateurs de Montsouris ont également établi que l'acide carbonique diminue avec la pluie et augmente par temps couvert; au contraire, la pluie, par chaque direction de vent, amène une élévation du taux de l'ozone.

Or, la pluie, qui se forme dans les *cirrus*, nuages situés à 8.000 ou 10.000 mètres d'altitude, provoque un courant d'air descendant, apportant à la surface l'air des hautes régions.

L'ozone a donc bien ces régions pour origine.

3° **Les rayons solaires.** — MM. Henriet et Bouyssy ont conclu, de quarante-deux journées d'expériences faites en temps de soleil, que la proportion d'ozone est, dans ces conditions, supérieure, pour chaque direction de vent, à celle que donnent les temps couverts et les temps de pluie.

« D'autre part, écrivent-ils dans leur intéressant opuscule *l'Origine de l'ozone atmosphérique*, si on calcule le poids mensuel d'ozone, obtenu à Montsouris pendant un an, on retrouve la courbe annuelle, qu'a donnée Albert Levy, et qui présente son maximum en juin :

1906	Février	1mg,8	par	100mc
—	Mars	1	6	—
—	Avril	2	2	—
—	*Mai*	2	5	—
—	*Juin*	3	2	—
—	*Juillet*	2	6	—
—	Octobre	1	7	—
—	Novembre	1	9	—
—	Décembre	1	7	—
1907	Janvier	1	4	—
—	Février	1	5	—
—	Mars	1	8	—
—	Avril	1	8	—

« Il semble donc naturel, en présence des résultats obtenus, de faire intervenir dans l'explication des phénomènes, *l'action rayonnante du soleil.* Nous savons en effet que, si l'ozone se produit aux grandes altitudes, il y prend naissance constamment et qu'il est plus abondant au mois de juin qu'à toute autre époque de l'année: nous savons, d'autre part, que la lumière ultra-violette agit sur l'oxygène et que son énergie transforme une partie de ce gaz en ozone. Dès lors, comment ne pas être frappé de ce fait que, dans les régions supérieures où nul obstacle autre que l'air pur n'absorbe de rayons quels qu'ils soient, le Soleil, par ses radiations ultra-violettes, ne soit pas le véritable générateur de l'ozone, produisant ce gaz en quantité d'autant plus grande qu'il reste lui-même plus longtemps au-dessus de l'horizon (juin, juillet, mai)? »

L'action solaire et les tensions électriques atmosphériques sont donc les sources de l'ozone atmosphérique.

Le Rôle de l'Ozone atmosphérique

L'AIR OXYDANT — LA RESPIRATION — LA NUTRITION

Nous venons de voir que l'ozone, oxygène condensé, est un oxydant énergique.

Il joue un rôle important dans toutes les oxydations qui se produisent dans la nature, et il active la combustion des matières organiques azotées, phosphorées, sulfurées, dont la putréfaction serait trop lente par le seul effet de l'oxygène, ce qui constituerait un grave danger.

Il agit également sur les fonctions de la respiration et de la nutrition.

Ces phénomènes ne peuvent se produire qu'avec le concours de l'air ; celui-ci est donc le premier élément de la vie, il constitue une indispensable nourriture.

Dans les fonctions de la respiration et de la nutrition, l'oxygène et l'ozone de l'air, grâce à leur degré oxydant, effectuent dans les organes les combustions, qui leur assurent les moyens de régénération dont ils ont besoin; l'azote, en diluant ces deux gaz, tempère leur action trop vive.

Il importe donc, pour que ces fonctions s'accomplissent normalement, que le degré d'oxydation de l'air ne soit jamais inférieur à celui résultant de la proportion d'oxygène et d'ozone, contenue dans l'air pur.

L'homme inspire, par la bouche, le nez et l'épiderme, environ 10.000 litres d'air par jour, tandis qu'il ne consomme dans le même temps que 2 à 3 litres d'aliments.

Cet air inspiré, 14 à 18 fois par minute, à raison d'un demilitre par inspiration, pénètre dans les poumons, qui sont comme la chaudière du générateur humain, et sa partie oxydante (oxygène et ozone) produit les combustions, qui se traduisent par la chaleur (37°2) et l'énergie nécessaires à la vie.

C'est ce phénomène d'oxydation qui permet à l'hémoglobine du sang veineux de s'emparer de la partie oxydante de l'air dans les poumons, pour l'abandonner sous forme d'oxyhémoglobine, dans les capillaires sanguins, donnant lieu à la transformation du sang veineux en sang artériel; de rouge foncé, le sang devient ainsi vermeil.

Une partie de cet air est ensuite expulsée de l'organisme, mais son taux d'oxygène et d'ozone est diminué au profit de l'acide carbonique et des produits gazeux résidus de la combustion. D'*oxydant*, il est devenu *réducteur*.

L'homme ne vivrait pas longtemps s'il se bornait à respirer. Si l'air est l'aliment de premier ordre, il ne produit de la chaleur et de l'énergie qu'aux dépens de nos organes, il est donc indispensable de *réparer* ceux-ci, par l'alimentation.

Sous diverses formes, on absorbe donc des substances alimentaires qui, grâce à l'action oxydante de l'air inspiré, produisent la proportion d'éléments nutritifs nécessaire pour fortifier l'organisme et entretenir la machine vivante.

Les *cendres* provenant de ces combustions (urée, acide carbonique, matières organiques) sont éliminées.

On voit par là l'importance que joue la constitution de l'air; pour que la respiration et la nutrition s'opèrent dans des conditions normales, il est nécessaire que l'air ait le degré d'oxydation fixé en quelque sorte par la nature; sinon, il se produit un ralentissement de chaleur et d'énergie dans la machine humaine.

Il serait présomptueux de soutenir qu'en respirant toujours de l'air pur et en s'alimentant parfaitement, l'homme éviterait toutes les maladies; mais on peut affirmer que bon nombre de celles-ci, même les maladies microbiennes, ont leur source dans l'air vicié, et que l'air pur, avec sa proportion normale d'ozone, est un moyen curatif de premier ordre.

L'air pur produit sur l'appareil respiratoire un effet vivifiant, que l'on éprouve quand on est brusquement transporté d'une salle close dans la rue, d'une agglomération humaine à la campagne, des champs au sommet d'une montagne.

C'est pourquoi la plupart des sanatoria sont situés sur les altitudes : l'air y est plus oxydant, parce qu'il est plus riche en oxygène et en ozone.

Le malade est affaibli, parce que les fonctions de la respiration et de la nutrition sont ralenties. On demande à l'air oxydant d'activer les combustions intérieures, afin de remettre en marche normale la machine humaine.

Nous verrons plus loin que l'ozone épure également l'air en détruisant les matières organiques réductrices, et qu'il est un stérilisateur énergique ; c'est ce qui le fait considérer comme un des corps les plus importants de la nature.

CHAPITRE II

L'Ozone artificiel

PRÉPARATION DE L'OZONE — L'OZONE ÉLECTRIQUE LES GÉNÉRATEURS ÉLECTRIQUES D'OZONE

PRÉPARATION DE L'OZONE

L'ozone peut être obtenu par les oxydations lentes, la chaleur, les sels radio-actifs, les produits chimiques, par voie électrochimique et par l'électricité.

L'oxydation lente à l'air du phosphore, de l'éther, des huiles volatiles, transforme en ozone une partie de l'oxygène de l'air.

MM. Troost et Hautefeuille ont réussi à préparer de l'ozone en faisant passer de l'oxygène dans un tube de porcelaine chauffé à 1.400°.

M. O. Brunck a obtenu de l'ozone, en calcinant un mélange de 1 de chlorate de potasse et 25 de bioxyde de manganèse.

Le bioxyde de plomb, l'oxyde mercurique, l'oxyde d'argent, ainsi que les peroxydes de manganèse et de cobalt forment de l'ozone, par calcination dans un courant d'oxygène.

Les sels radio-actifs, tels que les sels de baryum, ainsi que le radium, transforment l'oxygène en ozone.

Les peroxydes de baryum, de magnésium et de zinc, le permanganate de potasse produisent de l'ozone, par réaction avec l'acide sulfurique.

On prépare également l'ozone avec les persulfates, l'acide ozonique, le fluor, et par décomposition de l'eau, au moyen du courant électrique.

L'OZONE ÉLECTRIQUE

Le moyen le plus pratique de préparer l'ozone est la décharge électrique.

Nous avons vu que les décharges d'électricité atmosphérique transforment en ozone une partie de l'oxygène de l'air ; il semble donc qu'en faisant agir des étincelles électriques sur l'air, on doive produire de l'ozone pur.

En réalité, l'ozone ainsi formé est impur ; de plus, sa production est très faible.

L'étincelle, en ionisant l'oxygène de l'air, produit bien de l'ozone, mais elle engendre également des combinaisons d'azote et d'oxygène : des vapeurs nitreuses. D'autre part, la chaleur qu'elle dégage amène la destruction rapide de l'ozone.

Une série d'expériences, faites par MM. L'Hôte et Saint-Edme, ont démontré que l'effluve élève beaucoup moins la température que l'étincelle ordinaire et ne donne pas naissance à des composés nitreux.

L'effluve est produite par un courant électrique, passant dans des tubes de verre (diélectriques), renfermant un gaz quelconque. Elle se distingue par sa couleur qui est violacée.

L'effluve, donnant très peu de chaleur, est employée de préférence à l'étincelle par la plupart des constructeurs, pour la fabrication de l'ozone. **Elle émet des radiations violettes qui, en agissant sur l'oxygène de l'air, provoquent la formation de l'ozone.**

EXPERIENCES ET OBSERVATIONS. — Les sources et les courants employés. — Pour la préparation de l'ozone, on peut faire usage de piles, de machines électro-statiques, de bobines de Ruhmkorff, etc.

Mais si l'on désire un appareil pour des applications industrielles, nécessitant une production continue d'ozone, il faut une source d'électricité constante et une tension d'au moins 4.000 volts.

Des groupes électrogènes, des accumulateurs assez puissants peuvent être employés, si l'on ne possède pas une distribution d'électricité.

Il est établi que pour une même surface d'électrodes, la quantité d'ozone s'élève avec la tension, jusqu'à devenir proportionnelle à son carré, lorsqu'elle dépasse 25.000 volts.

Mais elle augmente également avec l'intensité.

L'expérience suivante, faite en mars 1911 au Laboratoire d'Hygiène de la Ville de Paris, avec un appareil de la Société « SANITAS-OZONE » le démontre :

Intensité	Ozone produit à l'heure
0 ampère 25	0 gr, 014
0 — 50	0 129
0 — 75	0 275
1 — 00	0 522

Le dosage de l'ozone a été effectué en faisant barboter un certain volume d'air dans une solution titrée d'arsenite de soude, contenant de l'iodure de potassium.

Le courant employé était un courant continu de 110 volts, transformé, au moyen d'une dynamo-commutatrice, en courant alternatif de 77 volts, à 50 périodes.

Un transformateur statique produisait la haute tension, qui ne dépassait pas 10.000 volts.

Un deuxième dosage fait sous la même tension et à l'intensité de 1 ampère, avec un appareil dont la surface des électrodes était double de celle du premier, a donné 1 gr,040 à l'heure.

Ces deux expériences permettent d'établir cette loi :

La quantité d'ozone, produite sous la même tension, augmente avec l'intensité, mais est proportionnelle à la surface des électrodes.

Elle est aussi en raison de la fréquence :

Un courant de 10.000 volts et de 50 périodes par seconde donne deux fois moins d'ozone qu'un courant de 10.000 volts et de 100 périodes.

Pratiquement, l'air à ozoniser doit rester très peu de temps en contact avec les électrodes, afin d'éviter l'élévation de la température de cet air, qui entraînerait la destruction de l'ozone produit.

De plus, la distance des électrodes et l'épaisseur des diélectriques doivent être calculées, suivant la tension employée, de façon à éviter la production d'étincelles.

LES GÉNÉRATEURS ÉLECTRIQUES D'OZONE

Appareils de Laboratoire. — Parmi les principaux, nous citerons les appareils : Seguy-Bonetti, Chardin, Siemens, Otto, Babo, Houzeau, Korda, Tisley, Huguet, Schneller, Labbé, « Sanitas-Ozone », Berthelot, Thenard, Boillot, Brin, Andreoli, Oudin, Gaiffe, Chatelain, etc.

Certains de ces appareils fonctionnent au moyen de la décharge électrique, produite par une machine électro-statique, comme celui de MM. Seguy-Bonetti, qui est constitué par un œuf en verre, muni à ses deux extrémités de deux boules de cuivre, entre lesquelles jaillit l'effluve. Les deux boules (électrodes) sont mises en contact avec les pôles de la machine statique, par des tiges métalliques éloignées de quelques centimètres.

Les autres ozoneurs emploient le courant d'induction.

Les appareils Siemens, Otto, Babo, Houzeau, Marmier Abraham, Korda, Tisley, Huguet, Schneller, D. Labbé, « Sanitas-Ozone », sont constitués par des électrodes métalliques.

L'appareil Houzeau se compose d'un tube en verre contenant un fil de platine ; un autre fil de platine est enroulé sur sa face extérieure.

Les extrémités de ces deux fils sont mis en communication avec les deux pôles d'une bobine de Ruhmkorff, tandis qu'on fait passer dans le tube un courant lent d'oxygène.

Le Dr Labbé est, comme M. Houzeau, un spécialiste de l'ozone.

On lui doit de très intéressantes expériences, sur l'emploi de l'ozone en thérapeutique.

Son appareil est constitué par un tube en verre, muni d'une double garniture intérieure et extérieure en aluminium, formant électrodes, aboutissant aux pôles d'une bobine de Ruhmkorff.

Ces deux appareils sont d'un faible débit.

L'appareil de la Société « Sanitas-Ozone » comprend des fils très minces en aluminium, roulés en spirale et isolés dans des tubes en verre, afin d'éviter la production d'étincelles et tout échauffement. Son rendement est des plus remarquables. Les électrodes de ce générateur peuvent se disposer, selon les besoins, soit en couronne, soit en faisceau.

Dans les appareils Berthelot et Thenard, les électrodes métalliques sont remplacées par de l'acide sulfurique ou du mercure; tandis que les électrodes des appareils Boillot et Brin sont en poudre métallique.

Enfin MM. Andreoli, Oudin, Gaiffe et Chatelain emploient dans leurs générateurs le tube à vide.

Appareils industriels. — La plupart des constructeurs n'ont envisagé que la production en grand de l'ozone, tandis

Fig. 1. — Générateur d'Ozone Tube.

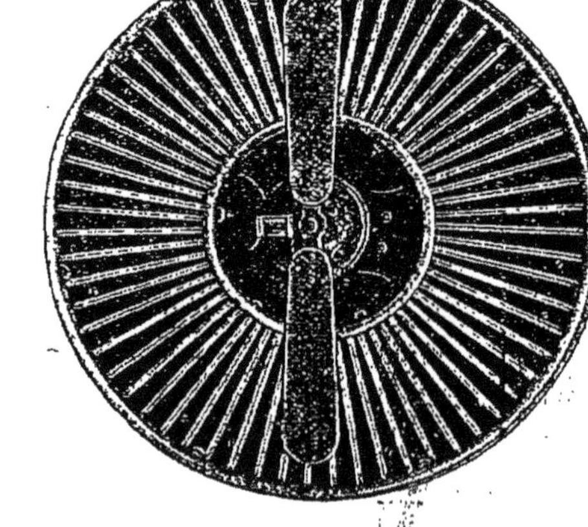

Fig. 2. — Générateur d'Ozone. Couronne.

que la Société « Sanitas-Ozone » est parvenue, après de longs essais, à construire des appareils qui se prêtent à toutes les utilisations industrielles, ainsi qu'aux usages domestiques, pour la purification de l'eau et de l'air, sources de la santé.

Le générateur de la Société « Sanitas-Ozone » réalise le type parfait d'appareil industriel. Il se compose, comme l'appareil de laboratoire, d'une série d'électrodes, constituées par des spirales en aluminium, formant ressort et incluses dans des tubes de verre (diélectriques), fermés à l'une de leurs extrémités.

Ces tubes, qui renferment à leurs parties obturées des butées en verre, sont montés, à espaces déterminés, pour éviter la production d'étincelles, entre deux plaques d'armature rigides et conductrices, portant un nombre égal de trous et de chevilles et dont l'écartement est assuré par un dispositif isolant.

Ils sont fixés entre les deux plaques, en engageant leur extrémité non conductrice dans les trous, tandis que l'autre extrémité s'adapte aux chevilles, sur lesquelles les électrodes viennent s'appuyer.

Grâce à la constitution et au procédé de montage de ces électrodes, qui sont interchangeables et d'un type uniforme, on peut en augmenter à volonté le nombre. Les points d'émission des effluves se trouvent ainsi multipliés en même temps que l'étendue des surfaces de refroidissement ; et l'on obtient de la sorte le maximum d'ozone pur.

Pour certaines applications, ces éléments sont enfermés dans un manchon de verre, d'un diamètre qui varie suivant le débit à obtenir.

Pour d'autres applications, les plaques d'armature groupant

Fig. 3. — Dynamo-Commutatrice. Fig. 4. — Transformateur.

les éléments sont disposées en couronnes concentriques, de diamètre et de hauteur variables.

Ce générateur peut fonctionner sur courant alternatif et sur courant continu.

Dans le premier cas, chacune des armatures est reliée à un pôle d'un transformateur statique branché sur le courant, qui donne la haute tension nécessaire pour produire de l'ozone.

Dans le second cas, le courant continu est d'abord converti en courant alternatif, à l'aide d'une dynamo-commutatrice, qui se place entre la distribution d'électricité et le transformateur.

Dès que le générateur est mis en marche par un interrupteur, l'air passant à travers les électrodes s'ozonise.

L'appareil de la Société « Sanitas-Ozone » ne dégage pas de vapeurs nitreuses. Pour le démontrer, nous avons fait barboter de l'air ozonisé, produit par cet appareil, dans une éprouvette contenant une solution très diluée de permanganate de potasse, qui est très sensible aux vapeurs nitreuses.

Après une demi-heure de barbotage, nous avons constaté que la liqueur de permanganate n'était nullement décolorée ; en titrant la liqueur avant et après l'opération, nous n'avons pas trouvé la moindre trace de produits nitreux.

CHAPITRE III

La Purification de l'air par l'Ozone

L'AIR DES AGGLOMÉRATIONS

Nous avons exposé le rôle de l'air dans les fonctions essentielles de la vie : la respiration et la nutrition. Ses éléments, oxygène et ozone, dans les proportions suivantes : 21 d'oxygène et un dix-millionième d'ozone, possèdent le degré d'oxydation déterminé par la nature, pour que ces phénomènes s'accomplissent normalement. Et il est de toute évidence que l'altération de l'air, soit par addition de substances étrangères, soit par diminution de son degré oxydant, est très dangereuse pour l'organisme.

Dans les agglomérations, les corps gazeux provenant des décompositions organiques, de l'industrie, des expirations et des excrétions humaines, altèrent l'air.

De plus, on trouve dans l'air des grandes villes un nombre d'autant plus considérable de micro-organismes, que la ville est plus peuplée et moins aérée.

Miquel a démontré que l'air de la mer et des hautes régions de l'atmosphère est exempt de germes, tandis qu'il en a dénombré à Paris, par mètre cube : 400 à Montsouris, 8.000 au voisinage de l'Hôtel de Ville, 36.000 dans une maison de la rue Monge et 74.000 à l'Hôpital de la Pitié.

Quand on considère que l'air de nos rues est ainsi chargé de gaz toxiques et saturé de microbes, dont quelques-uns sont certainement virulents, on peut être surpris que tous les habitants ne soient pas intoxiqués et atteints des infections, dont les bacilles sont les agents ; diphtérie, fièvre typhoïde, tuberculose, etc.

Le degré oxydant de l'air intervient ici comme une sorte de tonique.

L'air des agglomérations, s'il est moins oxydant que celui des campagnes et des montagnes, n'a cependant perdu qu'une infime partie de ses propriétés. La proportion d'oxygène est encore, d'après REGNAULT : à Paris, de 20,956 ; à Lyon, de 20,942 ; à Toulon, de 20,947, au lieu de 21 p. 100 ; et le taux de l'ozone de 2 milligrammes, au lieu de 10 milligrammes par 100 mètres cubes.

La respiration, dans nos rues, s'accomplit donc dans des conditions à peu près normales, telles que l'organisme peut résister aux intoxications et aux infections.

Une épidémie sévit dans une ville ; elle fait de nombreuses victimes ; la mortalité s'élève à 2 p. 1.000 ; l'épidémie est très violente. Cependant elle n'a atteint qu'un habitant sur 500, alors que le bacille de cette infection est partout, dans les maisons comme dans les rues.

Mais on constate que l'épidémie fait surtout des ravages parmi les êtres affaiblis et anémiés.

Pourquoi ?

Parce que, les fonctions de la respiration et de la nutrition étant anormales, ils ne se défendent plus contre la maladie.

D'après METCHNIKOFF, la défense de l'organisme contre les bacilles et les toxines est due aux phagocytes, ou globules blancs.

Si nous sommes anémiés, les phagocytes seraient eux-mêmes affaiblis.

Si, au contraire, notre organisme fonctionne bien, grâce à la pureté de l'air, les phagocytes agiraient avec activité et nous mettraient à l'abri des microbes, à moins que l'armée de ceux-ci ne soit innombrable.

L'AIR CONFINÉ

Si l'air de nos rues est suffisamment oxydant pour nous préserver des contaminations, en est-il de même de celui que l'on respire dans les salles closes : écoles, bureaux, ateliers, magasins, casernes, hôpitaux, cafés, salles de spectacles, sous-sols, etc. ?

Dans l'air de ces locaux, l'appareil respiratoire et la peau rejettent une partie des *cendres* des combustions : vapeur d'eau, acide carbonique et produits gazeux de nature indéterminée ; auxquels viennent souvent s'ajouter des émanations d'hydrogène sulfuré et de gaz fétides, provenant des fonctions du tube digestif et de divers foyers de putridité.

Lorsque l'air est saturé de ces produits, ils se condensent sur les parois de ces locaux, ainsi que sur tous les objets : meubles, tentures, étoffes, etc., qu'ils renferment ; et leur évaporation donne naissance aux odeurs répugnantes, qui caractérisent les atmosphères confinées.

L'air est ainsi altéré par addition de matières toxiques.

On a cru pendant longtemps que cette toxicité était due à l'acide carbonique.

Or, la nocivité de l'acide carbonique commence seulement lorsque l'air en contient 5 p. 100 de son volume ; ce gaz n'est mortel qu'à la proportion de 30 p. 100. On est loin d'atteindre le premier de ces chiffres, même dans les salles où séjournent pendant très longtemps un grand nombre de personnes ; la plus forte proportion d'acide carbonique observée dans les lieux clos, est de 1 p. 100 (Baring, écoles populaires).

Mais si, dans ces conditions, l'acide carbonique n'est pas nocif, les autres produits le sont.

Brown-Sequard et d'Arsonval ont démontré, par l'expérience suivante, la toxicité des expirations.

Huit cages, hermétiquement fermées et renfermant chacune un lapin, sont placées les unes à la suite des autres et communiquent par un tube. Un expirateur, disposé à l'une des extrémités de la série, fait passer un courant d'air dans la première cage et de celle-ci dans les suivantes, de telle sorte que le dernier lapin respire l'air qui a servi aux sept premiers, le septième, l'air déjà respiré par les six premiers et ainsi de suite. Or, le huitième lapin meurt en deux jours, le septième en trois jours, etc. On a eu soin que l'acide carbonique n'y soit pour rien.

L'air des salles destinées aux agglomérations humaines est donc **vicié** *par les gaz toxiques expirés et excrétés ; il est également* **usé.**

Si nous considérons une classe de 300 mètres cubes, destinée à 50 enfants, voici ce que nous constatons :

Chaque enfant introduisant un demi-litre d'air dans ses poumons à chaque inspiration, prend à cet air 4,80 sur les 21 volumes d'oxygène qu'il renferme.

A raison de 16 inspirations par minute, il consomme par heure :

$$\frac{16}{2} \times 0{,}048 \times 60 = 23 \text{ litres d'oxygène.}$$

Les 50 enfants de la classe consomment donc à l'heure 50 fois plus, soit 50 × 23 = 1.150 litres d'oxygène.

Les 300 mètres cubes de la classe, qui contenaient avant la rentrée des enfants : $\frac{300.000 \text{ litres}}{100} \times 21 = 63.000$ litres d'oxygène, n'en ont plus que : 63.000 — 1.150 = 61.850 litres d'oxygène, après une heure de présence ; c'est-à-dire : 20,61 p. 100 au lieu de 21 p. 100.

Après deux heures de présence, la proportion de l'oxygène sera de 20,23 p. 100 ; après trois heures, 19,85 p. 100 ; après quatre heures, 19,46 p. 100.

Le degré oxydant de l'air confiné s'abaisse donc d'heure en heure, par suite de la diminution de sa proportion d'oxygène et de l'augmentation des gaz expirés et excrétés : il est *réducteur*.

Dans les écoles, bureaux, ateliers, magasins, casernes, hôpitaux, sous-sols, cafés, salles de spectacles, etc., on s'intoxique lentement et l'air se désoxydant rapidement, l'on est exposé, par suite du ralentissement des fonctions de la respiration, à toutes les contaminations, d'autant plus que, d'après les expériences récentes de M. TRILLAT, *les gaz expirés augmentent la vitalité et la nocivité des microbes.*

Cubage de place et ventilation

Jusqu'à ce jour, on n'a trouvé qu'un moyen de retarder, dans les salles destinées aux agglomérations humaines, l'arrivée du point critique d'altération de l'air, c'est d'assurer à chaque personne un cube minimum, que les règlements d'hygiène ont fixé à 7 mètres.

De plus, les hygiénistes conseillent d'aérer le plus souvent possible ces salles afin d'en renouveler l'air.

En admettant que, grâce à ce cubage de place de 7 mètres par personne, on *retarde* l'arrivée du point dangereux de viciation de l'atmosphère, celle-ci doit-être inévitablement, à un moment donné, saturée de gaz toxiques, dont l'effet se fait sentir sous forme de malaises, serrements de tête, nausées, évanouissements, etc.

La ventilation est-elle suffisante pour remédier à ce danger? En hiver, ce remède est pire que le mal : une ventilation souvent renouvelée abaissant la température, les transitions du chaud ou froid se traduisent par des rhumes, coryzas, fluxions de poitrine.

Du reste, un apport minime d'air extérieur par la ventilation est impuissant à *désodoriser* les atmosphères confinées, à en *détruire les gaz* toxiques et à les rendre *impropres* au développement des bacilles ; tout au plus parvient-on ainsi à les réoxyder très légèrement.

Le cubage de place et la ventilation ne sont donc que des expédients.

Au contraire, la diffusion de l'ozone dans les atmosphères confinées, résout très heureusement le grave problème de leur purification.

Le Rôle de l'Ozone dans les Atmosphères confinées

La difficulté d'application de l'ozone dans ces conditions consistait dans la diffusion permanente de ce gaz et dans son dosage.

La Société « Sanitas-Ozone » l'a résolue.

Elle a construit à cet effet un appareil très simple, dont le débit se règle aisément, suivant le cube de la salle où il doit fonctionner, de façon à atteindre le triple but fixé.

Cet appareil se compose du générateur d'ozone que nous avons décrit page 17, dont les éléments sont constitués par des électrodes en fil d'aluminium, roulées en spirale et isolées dans des tubes de verre (diélectriques).

Plusieurs rangées superposées de ces éléments sont disposées entre deux couronnes concentriques d'aluminium, reliées chacune à l'un des pôles de la source d'énergie, et affectent ainsi une forme rayonnante.

Dans la couronne centrale, au centre de la rosace ainsi formée, se trouve un petit moteur, muni d'une hélice en aluminium, destinée à aspirer l'air ambiant.

Ce générateur d'ozone est fixé à un socle en bois, dans lequel est logé un transformateur statique, de haute tension ; il fonctionne ainsi sur courant alternatif.

Si le courant, sur lequel il est relié, est continu, l'appareil est complété par une petite dynamo-commutatrice, placée à la prise de courant, qui convertit le courant continu en courant alternatif (page 18).

L'appareil se branche sur la distribution d'électricité et se

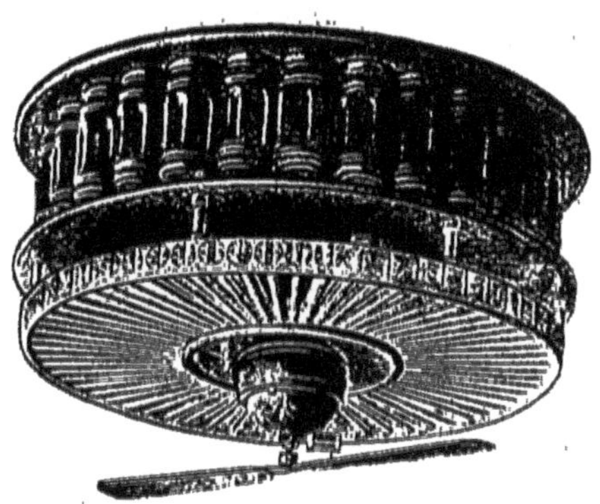

Fig. 5. — Ozonateur-Plafonnier.

place soit au plafond du local dont on veut purifier l'air, soit en rosace sur l'une de ses parois. Deux rhéostats destinés à régler, l'un le débit normal de l'appareil, l'autre la vitesse de l'hélice, sont fixés à la prise de courant.

Dès l'ouverture de l'interrupteur qui commande le courant,

Fig. 6 et 7. — Rhéostats.

l'appareil se met en marche : l'hélice aspire l'air du local et le fait passer entre les parois de verre du générateur d'ozone, où il s'ozonise sous l'action d'effluves multipliées (d'un beau violet dans l'obscurité), effluves produites par le courant électrique, porté à la haute tension par le transformateur statique.

L'aspiration et la diffusion de l'air ozonisé s'opèrent ainsi d'une façon insensible, même à proximité de l'appareil et ne peuvent jamais être gênantes, l'hélice ne projetant pas l'air mais l'aspirant.

Cet appareil peut également être disposé de façon à aspirer l'air extérieur et à le répandre dans des locaux très malsains, après l'avoir ozonisé.

On allie, de la sorte, la ventilation à l'ozonisation.

EXPÉRIENCES

Le rôle de cet appareil est de diffuser, dans une salle où séjournent de nombreuses personnes, la quantité d'ozone nécessaire : 1° pour faire disparaître les odeurs fétides de l'air confiné ; 2° pour détruire les matières organiques toxiques ; 3° pour redonner à l'air son degré oxydant ; 4° pour diminuer la vitalité des micro-organismes.

1° **Désodorisation.** — L'ozone réagit sur l'hydrogène sulfuré d'après l'équation : $3\ H^2S + 4\ O^3 = 3\ SO^4H^2$.

La destruction de ce gaz est donc certaine. Elle a été, du reste, constatée par une expérience faite, en mars 1911, avec l'appareil ozoneur de la Société « Sanitas-Ozone », au Laboratoire d'Hygiène de la Ville de Paris.

Le même Laboratoire a établi que l'appareil a désodorisé une salle infectée par des odeurs nauséabondes provenant de cobayes, lapins et singes, et épuré l'air vicié par les expirations de ces animaux.

Dans son rapport, en date du 29 juillet 1911, le Laboratoire de la Marine, à Cherbourg, a également conclu au pouvoir de désodorisation de cet appareil.

2° **Purification de l'air.** — La méthode employée jusqu'à ce jour pour mesurer le degré d'altération d'une atmosphère, consiste à doser l'acide carbonique qu'elle renferme. L'acide carbonique étant pris comme terme de comparaison — puisqu'il n'est nocif qu'à la proportion de 5 p. 100, qu'on n'atteint jamais dans des salles où la respiration seule en dégage — on considère que l'air d'un local de 100 mètres cubes, contenant 100 litres d'acide carbonique, est plus vicié par les expirations que l'air du même local, n'en renfermant que 75 et ainsi de suite.

MM. Henriet et Bouyssy ont découvert une nouvelle méthode, consistant à condenser la vapeur d'eau expirée, sur les parois d'un récipient métallique contenant un mélange réfrigérant.

Cette vapeur d'eau se condense en givre pendant un temps déterminé ; il suffit ensuite de vider le mélange réfrigérant, pour la recueillir sous la forme d'un liquide, qui représente une partie des expirations. *(Communication à l'Académie des Sciences, mai 1911).*

Une autre méthode, que nous avons expérimentée, en collaboration avec M. l'ingénieur Ourth, est plus démonstrative.

Elle nous a permis, après deux heures d'ozonisation, de mesurer le degré de purification de l'air d'une salle de couture, altéré par les expirations de 20 ouvrières et par une petite quantité d'hydrogène sulfuré.

Voici comment nous avons procédé :

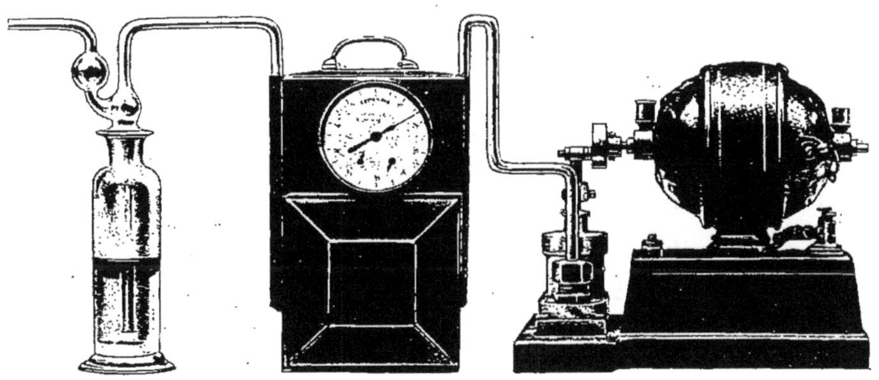

Fig. 8.

Le permanganate de potasse ayant la propriété de détruire les matières organiques expirées, nous avons fait passer, au moyen d'un compresseur, une partie de l'air confiné de cette salle, dans un laveur contenant une solution de permanganate de potasse très diluée.

A mesure qu'étaient détruites les matières organiques de cet air, la couleur de la liqueur de permanganate s'affaiblissait jusqu'à disparaître complètement. L'expérience fût arrêtée à ce moment et le compteur nous indiqua qu'un mètre cube d'air était passé dans le laveur.

Nous avons renouvelé l'expérience, dans la même salle contenant le même nombre de personnes, mais après deux heures de fonctionnement de l'appareil ozoneur de la Société « SANITAS-OZONE », et nous avons constaté que 3 mètres cubes d'air étaient nécessaires pour obtenir la décoloration de la liqueur de permanganate.

Conclusion : Trois mètres cubes d'air **ozoné** ne contiennent pas plus de gaz toxiques qu'un mètre cube d'air **non ozoné** ; *donc l'ozone épure les atmosphères confinées dans la proportion des deux tiers.*

En titrant les liqueurs avant et après le traitement, nous connaissons exactement la quantité de matières organiques détruites par l'ozone.

3° **Réoxydation de l'air.** — Ces expériences ne démontrent pas seulement que l'air confiné est désodorisé et purifié par l'ozone, mais aussi que ce gaz lui redonne son degré oxydant, l'ozone en excès remplaçant l'oxygène inspiré. Cet excès d'ozone peut du reste être réglé à la dose des hautes régions.

Le Dr OUDIN l'a prouvé en ozonisant une salle de la prison Saint-Lazare destinée à 30 malades. Après six semaines d'ozonisation de l'air, les fonctions de la nutrition ayant été activées, l'augmentation moyenne de poids par malade a été de 1 kil. 500.

4° **Stérilisation de l'air.** — Mais l'ozone possède également la propriété de diminuer la vitalité des microbes en suspension dans l'air.

De nombreuses expériences ont été faites à ce sujet, notamment par M. J. CHAPPUIS, qui a constaté que des germes, se développant dans un bouillon de culture de levure de bière, sont détruits par l'ozone.

Ces résultats ont conduit le Dr Donatien LABBÉ à étudier le pouvoir bactéricide de l'ozone.

Voici comment il relate ses expériences :

Dans une pièce de 70 mètres cubes, j'ai placé à 1m,10 de hauteur une première série de boîtes de Pétri (à la gélosine), qui ont été maintenues ouvertes pendant quarante minutes. Après avoir refermé ces boîtes, j'ai fait fonctionner mon appareil à ozone pendant quarante-cinq minutes, puis j'ai placé de nouveau sur le même support une deuxième série de boîtes de Pétri à la gélosine, qui ont été également maintenues ouvertes pendant le même temps.

Toutes ces boîtes ont été mises à l'étuve au même moment et pendant la même durée ; au bout de vingt-quatre et quarante-huit heures, on constatait des modifications notables.

Dans les premières tentatives, les milieux de culture *non soumis* à l'ozone ont perdu leur homogénéité et leur transparence et sont en même temps farcis de colonies; dans les expériences consécutives, le milieu de culture a conservé une partie de son homogénéité et de sa transparence tout en restant criblé de colonies. Ce premier résultat démontre déjà que le milieu ambiant est resté purifié des nombreux saprophytes du début, et cela a persisté jusqu'à la fin des expériences (2 mois). Si maintenant on observe les boîtes et milieux de culture soumis à l'ozone, on constate qu'ils ont tous, dès les premières expériences, conservé leur ***homogénéité*** et leur *transparence*; *les colonies y sont de plus en plus rares, elles sont en outre petites et misérables*; *et cela dans toutes les boîtes soumises à l'ozone.*

Ce résultat est déjà très satisfaisant et d'une utilité incontestable; *on sait quel rôle considérable joue la dilution des germes. Il est en effet bien établi que nous n'avons que peu à craindre des bactéries* isolées *et qu'il est indispensable pour obtenir sûrement l'infection, d'avoir une* concentration *assez notable de bactéries.*

La dilution considérable que j'ai obtenue dans mes premiers essais ne pouvait qu'encourager mes recherches de façon à réaliser une stérilisation complète.

Poursuivant donc mes tentatives, j'arrivai après des séances plus prolongées d'ozonisation, à obtenir des milieux de culture absolument stériles.

Dans cette deuxième série d'expériences, le générateur d'ozone n'a pas cessé de fonctionner pendant toute la durée de l'ouverture des boîtes de Piétri; l'air de la pièce étant donc constamment saturé d'ozone, et cela sans aucun préjudice pour l'expérimentateur; ceci dit pour répondre à cette fausse notion encore relatée dans les classiques, qui veut que l'ozone en très grande quantité soit des plus dangereux à respirer.

Ces résultats me paraissent concluants et tout à fait démonstratifs.

M. Labbé a ainsi démontré qu'en ozonisant légèrement l'air, on parvient à diminuer considérablement le nombre des microbes qu'il contient.

Des expériences entreprises avec un appareil d'un autre constructeur, celui de la Société « Sanitas-Ozone », par le Laboratoire d'Hygiène de la Ville de Paris et continuées par nous, ont abouti aux mêmes conclusions.

Deux fils de soie chargés de poussières, l'un fortement et l'autre faiblement, ont été exposés pendant sept heures à l'action de l'ozone, *à la très faible dose de cinq centièmes de milligramme par litre.*

Le fil très chargé de poussières, exposé à l'ozone, n'a donné *une* culture qu'après *trois jours*, à l'étuve à 37° et le fil faiblement chargé qu'après *quatre jours* seulement.

L'expérience a été renouvelée dans les mêmes conditions avec deux boîtes de Pétri. Ces deux plaques n'ont donné *une* culture qu'après trois jours, tandis que la plaque-témoin en a fourni après vingt-quatre heures.

Ces résultats, obtenus par un laboratoire officiel, corroborent la démonstration du Dr D. Labbé.

Tandis que Miquel a démontré que l'air confiné est toujours plus chargé de bactéries que l'air pur, M. Trillat, chef de Laboratoire à l'Institut Pasteur, a observé que les gaz de la respiration augmentent la vitalité et la nocivité des microbes. *(Communication à l'Académie de Médecine, mars 1911.)*

Nous avons pu constater, au contraire, qu'une atmosphère, ozonisée d'une façon permanente, est très défavorable au développement des cultures. L'air d'une salle destinée à l'agglomération humaine, dans laquelle on diffuse constamment de l'ozone à faible dose, est à peu près stérile, alors que celui d'une salle non ozonisée, contient de 30.000 à 50.000 bacilles au mètre cube.

Ainsi donc, l'ozone désodorise les atmosphères confinées, détruit les deux tiers des gaz toxiques expirés et excrétés, réoxyde l'air et le rend impropre au développement des microbes.

Le problème de la purification de l'air dans les salles destinées aux agglomérations humaines est résolu par la diffusion de l'ozone dans ces salles, soit en faisant appel à l'air extérieur, soit en ozonisant l'air usé.

L'air ainsi épuré est suffisamment oxydant, pour que la respiration puisse s'opérer normalement et mettre ainsi l'organisme en état de résister aux toxiques et aux bacilles.

Fig. 9. — Purificateur d'air "Sanitas-Ozone"
Type Métropolitain de Paris

CHAPITRE IV

L'Ozone en Thérapeutique

La Coqueluche. — Un grand nombre de médecins traitent

La Coqueluche. — *Graphiques indiquant la marche de la maladie et sa guérison :* (Inhalations d'ozone, à raison de 15 à 20 minutes chacune, faites avant chaque repas.)

Mlle C..., 11 ans (Dr Derecq). — Fig. 10

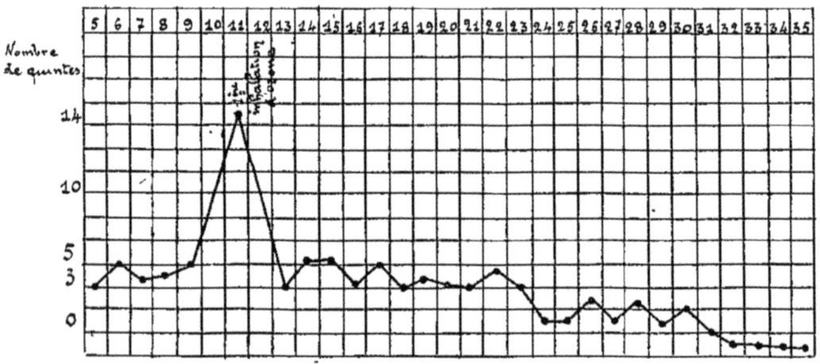

(Mlle M..., 3 ans (Drs Labbé et Oudin). — Fig. 11.

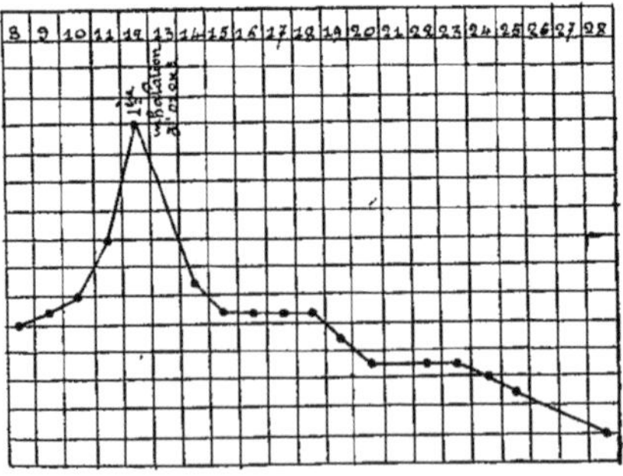

certaines maladies par l'ozone, à la dose de 0^{gm}, 12 par litre d'air.

Les Drs Derecq, Donatien Labbé, Oudin, Delherm, etc., de Paris ; les Drs Hellet, de Clichy ; Caillé, professeur à l'Ecole de Médecine de New-York ; BORDIER, de Lyon ; THIELLÉ, de Rouen, etc., emploient efficacement l'ozone contre la coqueluche.

Le Dr Donatien LABBÉ, chef de service à l'Hôpital de la Charité, a écrit à ce sujet dans la *Médecine infantile* :

« Notre expérience personnelle repose sur une centaine de cas de coqueluche que nous avons observés depuis dix ans. Chez tous ces malades, et surtout chez ceux traités dès le début de la maladie bien confirmée, nous avons obtenu une amélioration prompte et rapide d'abord, puis une guérison complète dans un délai bien inférieur à la durée moyenne d'une coqueluche légère. Ce résultat a toujours été constant, aussi ne craignons-nous pas de dire que l'ozone est le remède par excellence de la coqueluche. »

Le Dr LE TANNEUR a employé l'ozone dans le traitement des **catarrhes** et de l'**asthme.**

L'ozone est également efficace dans les **coryzas**, les **laryngites** et les **pharyngites**, la **goutte**, le **diabète**, le **rhumatisme**, la **sciatique.**

Anémie. — L'ozone activant les fonctions de la respiration et de la nutrition, son emploi est tout indiqué contre l'anémie.

Voici une observation faite sur une anémique soumise à des inhalations d'ozone :

Mlle C..., 14 ans 1/2

Début du traitement : 14 mars.

		oxyhémoglobine	Poids de la malade
		—	—
1er examen,	14 mars	4 p. 100	49 k, 200
2e —	30 mars	7 —	—
3e —	20 avril	10 —	—
4e —	22 juin	10 —	52 kg, 500

Dans trois mois, le poids de la malade a augmenté de 3k,500 et son sang s'est enrichi de 6 p. 100 en oxyhémoglobine.

Le Dr OUDIN, a traité par l'ozone pendant six semaines, 30 malades mal nourries et privées d'air, à la prison Saint-Lazare.

Le résultat de ses observations est consigné dans le tableau suivant :

Augmentation du poids des malades :

2 malades ont gagné	......	0k,300
1	—	0k,900
1	—	0k,200
5	—	1k. »
3	—	1k,500
4	—	2k. »
1	—	1k,100
3	—	3k. »
1	—	5k. »
1	—	8k,500

8 malades sont restés stationnaires.

La Tuberculose. — Les Dr Donatien Labbé, Oudin, Collart, Sletoff, Huguet, Caritzalis, Le Tanneur, de Renzi, Birioukoff ont obtenu des résultats satisfaisants dans le traitement de la tuberculose par l'ozone.

Voici quelques observations d'application de l'ozone dans la tuberculose :

Trente-huit tuberculeux traités par le Dr Labbé, 7 au 1er degré, 23 au deuxième degré, 8 au troisième degré ; durée du traitement : trois mois.

1 malade a gagné	......	0k,500
6	—	1k,500
3	—	2k. »
2	—	2k,500
1	—	2k,700
1	—	3k. »
2	—	3k,500
3	—	4k. »
1	—	5k. »
2	—	7k. »
1	—	9k. »
1	—	10k,500

1 au deuxième degré est mort d'accident.

5 autres, profondément cachectiques au début du traitement, ont succombé.

M. S..., 41 ans, tuberculeux

Début du traitement : 10 janvier.

		oxyhémoglobine	Poids du malade
1er examen,	10 janvier	8 ½	59k.
2e —	14 mars	10 ½ %	—
3e —	6 avril	10 %	—
4e —	23 avril	11 —	—
5e —	22 juin	11 —	62k.500

Connaissant le rôle de l'ozone dans l'atmosphère et son action bienfaisante sur l'organisme, ces résultats ne sont pas faits pour surprendre. Et l'on doit souhaiter que le corps médical étudie son action, en vue de généraliser son application.

Voici l'un des appareils construits par la Société Sanitas-Ozone, pour les usages médicaux.

Fig. 12. — Appareil médical.

CHAPITRE V

L'Eau et sa Stérilisation

L'eau de boisson et l'eau d'usage ont une très grande importance au point de vue alimentaire et sanitaire, la première comme assaisonnement des repas, car elle stimule les fonctions digestives, la seconde pour les lavages et nettoyages des ustensiles et du linge.

Nous ne rechercherons pas les propriétés chimiques que doivent posséder les eaux d'approvisionnement ; cette question ressortit aux municipalités, que le souci de l'hygiène conduit, même dans le plus petit village, à distribuer des eaux de bonne qualité.

Un certain nombre de grandes villes, comme Paris, Bordeaux, Lille, Saint-Etienne, Rouen, Le Havre, Amiens, Clermont-Ferrand, Limoges, Montpellier, Grenoble, Dijon, Chambéry, Beauvais, Epinal, Guéret, Bourg, Morlaix, etc., emploient l'eau de source ; Poitiers, Tarbes, Montauban, Granville, etc., l'eau de drainage ; Lyon, Marseille, Toulouse, Nantes, Nancy, Tours, Angers, Nîmes, Blois, Fontainebleau, etc., l'eau de rivière filtrée, tandis qu'un grand nombre de communes sont approvisionnées par l'eau provenant des couches souterraines, au moyen de puits artésiens.

Malgré le perfectionnement des procédés de filtration, les eaux de rivière sont inférieures aux eaux de sources, de drainage et des couches souterraines.

Mais les unes et les autres contiennent des matières organiques et des micro-organismes, nuisibles à la santé, ces derniers surtout, car ils sont les agents des maladies microbiennes.

L'hydrogène sulfuré, l'hydrogène phosphoré, les matières

organiques, les débris animaux ou végétaux, la gangue des immondices, etc., souillent l'eau et la rendent souvent très malsaine, soit parce que ces matières en grande quantité sont toxiques par elles-mêmes, soit parce qu'elles préparent l'économie à recevoir l'action des microbes pathogènes.

LES MICRO-ORGANISMES DE L'EAU

Les micro-organismes sont plus dangereux que les matières organiques. Il y en a dans les eaux les plus pures.

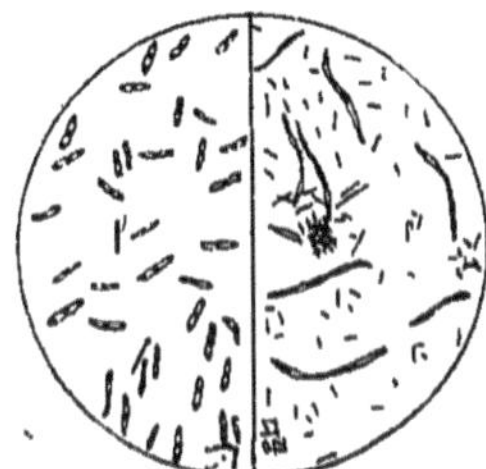

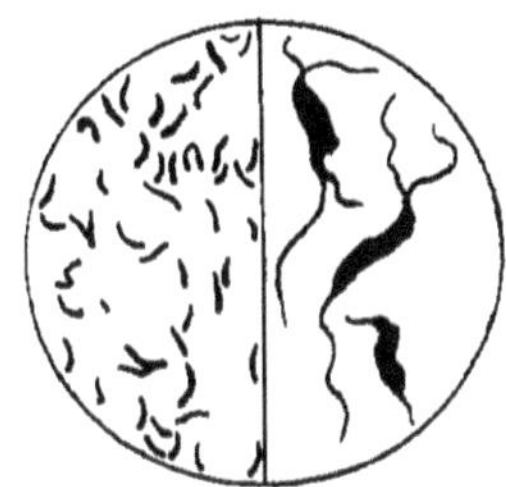

Colibacilles. Fig. 13. Vibrions du choléra.

MIQUEL et KOCH ont dénombré la quantité de germes dans un centimètre cube d'eau de diverses provenances :

Eau de pluie (Montsouris)	4
Eau de pluie (caserne Lobeau)	18
Eau de la Vanne (distribuée à Paris)	1.250
Eau de l'Avre —	2.886
Eau de la Dhuis —	3.825
Eau de la Seine —	43.500
Eau de la Marne	63.490
Eau de l'Ourcq	84.955
Eau du Rhône	75.000
Eau d'égout à Clichy	6.000.000
Eau du Rhin	20.000
Eau d'un ruisseau souillée par des déchets d'industrie	24.000
Puits public voisin de ce ruisseau	6.250
Eau de la Sprée	115.000

La plupart de ces microbes sont inoffensifs ; ils vivent dans l'eau comme dans leur milieu normal. La présence des micro-organismes ne doit donc pas être considére comme un *rigoureux critérium* de son impureté. Il n'en est pas de même de leur nombre.

MIQUEL établit cette échelle comparative des qualités de l'eau :

	Bactéries par centimètre cube	
Eau excessivement pure..................	0 à.......	10
Eau très pure	10 à.......	100
Eau pure...........	100 à.......	1.000
Eau médiocre	1.000 à.......	10.000
Eau impure	10.000 à.......	100.000
Eau très impure	100.000 et au delà	

Il est prouvé en effet qu'une eau, très chargée en bactéries banales, peut assurer le succès des bacilles typhiques qu'elle véhicule, et est un agent de corruption, même employée en lavages.

Comment distingue-t-on les micro-organismes ?

1° Les colonies qui liquéfient, ou qui ne liquéfient pas la gélatine ;

2° Les pathogènes et les non pathogènes.

Parmi les colonies qui liquéfient la gélatine, il en est d'inoffensives comme le *B. subtilis*, d'autres au contraire sont dangereuses. Parmi celles qui ne liquéfient pas la gélatine, il s'en trouve de pathogènes, **c'est-à-dire qui ont une action sur l'organisme.**

Les microbes *pathogènes* proviennent du sol ou des déjections et excrétions des malades.

Les microbes pathogènes *accidentels* : *B. de la typhoïde*, du *choléra*, du *charbon*, de la *tuberculose*, sont d'autant plus redoutables, que les voies digestives leur servent d'accès dans l'organisme.

Les microbes pathogènes *familiers à l'eau*, comme les *bacilles courbes*, le *Proteus* et le *B. Coli*, ce dernier surtout, peuvent acquérir des propriétés virulentes et transmettre les plus graves maladies.

Voici, d'après le Précis de Bactériologie du professeur Courmont, quelle est l'action pathogène du **B. Coli :**

« Habituellement saprophyte de l'intestin, pendant longtemps considéré comme banal, **il est reconnu, depuis les travaux suscités par Rodet et G. Roux (1889) comme un des microbes pathogènes les plus redoutables.** On appelle *colibacillose* l'ensemble des maladies qu'il peut engendrer et elles sont très nombreuses, ainsi que le tableau suivant l'indique :

Appareil digestif :

Angines
Certaines dysenteries
Entérite des nourrissons
Choléra enfantile
Choléra nostras
Choléra herniaire
Appendicites
Péritonite par perforation
Péritonite sans perforation
Angiocholites suppurées
Abcès du foie
Ictères infectieux
Abcès abdominaux

Appareil urinaire :

Infection urinaire
Cystites, Pyélites, Néphrites, etc.

Appareil génital :

Salpingites
Métrites

Appareil respiratoire :

Bronchopneumonies
Pleurésies
Thyroïdites

Appareil circulatoire :

Endocardites aiguës
Péricardites
Phlébites
Septicémie. Paratyphus

Système nerveux :

Méningites

Appareil locomoteur :

Ostéomyélite
Arthrites

Tissu cellulaire :

Phlegmons

« La virulence du **B. Coli** est des plus variables. Isolé de l'homme sain, il est presque toujours peu virulent. Au contraire, il devient très virulent dans les états fébriles, dans beaucoup d'affections intestinales, dans la fièvre typhoïde. Il l'est au maximum lorsqu'il est l'agent de la maladie. »

CORRECTION DE L'EAU

On voit par là que l'eau de source, les eaux minérales elles-mêmes, qui ne renferment aujourd'hui aucun microbe pathogène, peuvent en contenir demain par suite d'infiltrations superficielles pénétrant par les fissures du sol. Le Havre, Cherbourg, Toulon, Clermont-Ferrand, ont subi il y a quelques années de terribles épidémies de fièvre typhoïde. Cette maladie existe dans beaucoup de villes à *l'état endémique.* Dans l'Afrique du Nord, au Maroc notamment, la fièvre typhoïde sévit en permanence (nombreux cas dans les troupes du corps expéditionnaire).

A Paris, dans un rapport officiel, MM. les professeurs Proust, Brouardel, Roux, Chantemesse signalaient, il y a quelques années la présence de cette affection microbienne en ces termes :

« ... En 1899 et 1900, on vit réparaître une proportion annuelle de 31 à 32 décès par fièvre typhoïde, sur 100.000 habitants. *Il fut démontré que cette épidémie était imputable à l'altération des eaux de source de la Vanne*, qui, jusqu'alors, étaient réputées excellentes. La confiance dans les eaux de source fut ébranlée ; en face des révélations de M. Martel sur le régime des eaux souterraines, un certain nombre de savants se demandaient s'il ne fallait pas soumettre toutes les eaux de source de grandes villes à des moyens artificiels de purification (par exemple l'ozone). La tâche eût été immense, on peut dire irréalisable ; comment stériliser chaque jour plus de 250.000 mètres cubes d'eau avant de la distribuer dans les maisons de Paris ? »

Voici, d'autre part, l'opinion du Dr Mosny, membre de l'Académie de Médecine, sur les eaux de source :

« Nous savons aujourd'hui que les sources les plus abondantes, et que par cela même nous sommes plus tentés de capter, ne sont souvent que de fausses sources, des résurgences de cours d'eau circulant sous terre dan- les crevasses des terrains calcaires fissurés, à la merci de toutes les contaminations du sol, les sources elles-mêmes, en dépit des périmètres de protection les plus étendus, des captages les mieux faits, des surveillances les plus rigoureuses, cessent de nous inspirer la confiance et de nous donner la sécurité qu'hier encore elles nous imposaient.

« Paris ne connaît que trop la faillite des eaux de sources, car ce sont précisément les eaux issues de calcaires fissurés, qui constituent la presque totalité de son alimentation. »

Au cours de l'été de 1911, la fièvre typhoïde a fait en France plus de victimes que précédemment.

Pendant les mois d'août, septembre et octobre, la moyenne des cas par semaine, à Paris a dépassé 120, au lieu de 45 et celle des décès 16, au lieu de 5, atteignant ainsi les chiffres de 1900, et cela malgré le traitement de l'eau par l'eau de Javel.

Cette stérilisation n'a pas donné de résultats, parce que les eaux de l'Avre, de la Dhuis et de la Vanne se contaminent à nouveau dans les canalisations, par suite de fissures inévitables. Aussi, la Commission d'hygiène a-t-elle décidé de l'interrompre.

A Nice, où la stérilisation en masse est également pratiquée, la morbidité typhoïdique reste toujours très grande, parce que l'eau arrive souillée chez le consommateur (*Bulletin de l'Académie de Médecine du 16 Novembre 1909*).

On voit par là qu'il est indispensable de corriger l'eau de consommation ; *et ces exemples démontrent que la stérilisation en masse est inefficace, puisqu'il suffit d'une rupture dans les conduites, pour que les eaux se contaminent à nouveau.*

Aussi la plupart des hygiénistes conseillent-ils **la stérilisation au domicile même du consommateur.**

Les procédés communément employés à cet effet : traitement chimique, ébullition, caléfaction, filtration, distillation, présentent de grands inconvénients, lorsqu'ils ne sont pas inefficaces.

Les *produits chimiques* mettent dans l'eau une substance anormale, qui peut nuire à l'organisme.

L'*ébullition* a le grand inconvénient de chasser de l'eau l'air qu'elle contient, lui enlevant ainsi une de ses propriétés stimulantes. L'eau bouillie est lourde et indigeste et peut, d'après le Dr CALMETTE, amener des troubles et faire naître des goitres.

La *caléfaction*, si ingénieuse qu'elle paraisse, dénature également l'eau en lui enlevant une partie de ses gaz.

Les *filtres* ne servent qu'à débarrasser l'eau de ses matières organiques ; ils la clarifient mais ne la stérilisent pas.

PASTEUR a constaté que les microbes sont d'un si petit diamètre qu'ils traversent tous les filtres, lesquels, d'après KÜHNE, WOLFFHÜGEL et FRANKLAND, deviennent rapidement de véritables foyers de végétation pour les micro-organismes et ne peuvent plus alors que souiller l'eau qui les traverse.

Quant à la *distillation*, elle n'est employée que dans la marine ; elle rend l'eau fade, presque nauséabonde, lourde et indigeste.

Les seuls procédés de correction de l'eau, reconnus comme offrant toutes les garanties, consistent dans sa stérilisation par les rayons ultra-violets ou par l'ozone. « L'ozone électrique détruit tous les microbes. » (*Annales de l'Institut Pasteur.*)

STÉRILISATION PAR L'OZONE

La parenté des deux procédés : ozone et rayons ultra-violets, est très grande : dans le premier les effluves produisent des radiations violettes, qui donnent naissance à l'ozone, bactéricide puissant ; dans le second, la lampe à vapeur de mercure émet des rayons ultra-violets, qui agissent directement sur le liquide à stériliser. Mais la méthode par l'ozone est plus pratique que l'autre, l'ozone stérilisant les eaux les plus chargées de matières organiques, tandis que l'action des rayons ultra-violets n'est efficace que sur une eau parfaitement claire.

En 1891, un rapport du Dr OHLMULLER au Conseil impérial allemand concluait que l'ozone détruisait les micro-organismes de l'eau.

En 1893, le Dr VAN ERMENGEM, dans un rapport à M. le ministre de l'Agriculture de Belgique, constata que des expériences de stérilisation d'eau par l'ozone étaient probantes.

Le Dr OGIER, directeur du Laboratoire de Toxicologie à la Préfecture de Police de Paris, fit les mêmes constatations en 1895.

Les plus éminents bactériologistes : les Drs ROUX, directeur de l'Institut Pasteur ; MIQUEL, chef des services micrographiques de la Ville de Paris ; CORNIL, BESANÇON, CALMETTE, etc., ont reconnu que le traitement par l'ozone débarrasse l'eau de ses bacilles, même des plus virulents, et que seul le *B. subtilis*, qui est inoffensif, résiste parfois à son action.

Voici un extrait des résultats d'une expérience de stérilisation faite, avec un appareil domestique de la Société « SANITAS-OZONE », au Laboratoire bactériologique de Montsouris, du 1er au 18 juillet 1908 sous la direction du Dr Miquel :

Dates de prélèvement.	Débit en litres.	Eau brute B. Coli dans 120 cmc.	Eau ozonée B. Coli dans 120 cmc.
1er juillet 1908	25,6	12	0
2 —	27,6	240	0
3 —	29,7	40	0
4 —	30	240	0
6 —	36	960	0
7 —	18	240	0
8 —	17,1	240	0
9 —	18,6	40	0
10 —	16,8	40	0
11 —	7,8	40	0
15 —	9	24	0
16 —	9,6	40	0
17 —	8,4	480	0
18 —	8,3	120	0
		2.756 Bacilles Coli dans 1.680 cmc	0 Bacille Coli dans 1.680 cmc

Le plus dangereux des microbes, le **B Coli**, *est donc détruit par l'ozone.*

Action de l'ozone sur la composition chimique de l'eau. — L'action de l'ozone sur les matières minérales ou organiques contenues dans l'eau est également excellente.

Une commission scientifique fut désignée, en 1898, par la municipalité de Lille, pour étudier à ce point de vue les eaux traitées par l'ozone. Elle était composée des Drs STAES-BRAME, ROUX, actuellement directeur de l'Institut Pasteur, CALMETTE, directeur de l'Institut Pasteur de Lille et de MM. BUISINE, professeur de chimie à la Faculté des Sciences de Lille et BOURIEZ, expert-chimiste.

Cette commission a constaté que « l'ozonisation de l'eau n'apporte dans celle-ci aucun élément étranger préjudiciable à la santé de ceux qui en font usage. »

« Au contraire, par suite de la non-augmentation de la teneur en nitrates, et de la *diminution considérable de la teneur en matières organiques*, les eaux soumises au traitement par l'ozone sont moins sujettes aux pollutions ultérieures et par suite moins altérables.

« *En outre, l'ozone n'étant autre chose qu'un état moléculaire particulier de l'oxygène, l'emploi de ce corps présente l'avantage d'aérer énergiquement l'eau et de la rendre plus saine et plus agréable pour la consommation, sans lui enlever aucun de ses éléments minéraux utiles.* »

Il en résulte que l'eau ozonée est une eau de boisson absolument parfaite.

LES APPAREILS STÉRILISATEURS DE LA SOCIÉTÉ " SANITAS-OZONE "

Nous venons de voir qu'un appareil stérilisateur de l'eau de la Société « SANITAS-OZONE » avait donné des résultats concluants, dans une expérience faite en 1908 par le Laboratoire bactériologique de la Ville de Paris.

Cette Société s'est surtout consacrée à la construction des appareils domestiques. Elle considère que l'eau de distribution stérilisée en masse ne donne pas des garanties absolues, parce qu'elle est susceptible de se contaminer à nouveau dans les canalisations. Il n'en est pas de même de l'eau stérilisée sur les lieux mêmes et au moment de sa consommation.

La Société « SANITAS-OZONE » construit à cet effet des appareils de tous débits : 25, 50, 100, 200, 400, etc., litres à l'heure.

L'appareil débitant 25 litres à l'heure, se compose du tube ozoneur, que nous avons décrit (page 17) et d'une trompe en verre placée au-dessous.

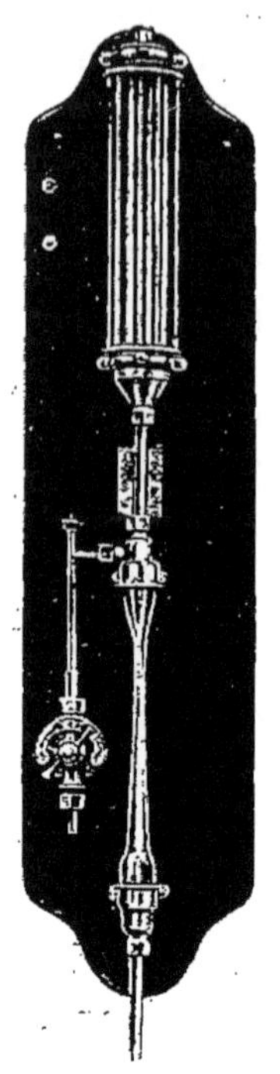

Fig. 14. — Stérilisateur d'eau.

L'appareil fixé sur une plaque en acajou ou en marbre est placé verticalement et relié à la canalisation d'eau et au courant électrique.

Si le courant électrique est alternatif, l'appareil est complété par un transformateur statique (page 18), destiné à produire la haute tension ; si le courant est continu, outre ce transformateur, l'appareil comporte une petite dynamo-commutatrice, pour convertir le courant continu en courant alternatif (page 18).

Un robinet facilement maniable commande à la fois l'arrivée d'eau et le courant électrique.

Dès l'ouverture de ce robinet, l'eau arrivant dans la trompe appelle l'air extérieur, qui pénètre dans l'ozoneur, où il s'ozonise sous l'action d'effluves multipliées, produites par le courant de haute tension ; cet air ozoné se mélange à l'eau et, par une pulvérisation très active, la stérilise.

Une caractéristique de l'appareil réside dans son automaticité. En effet, l'appel d'air est rigoureusement proportionnel à la quantité d'eau qui s'écoule et tout appareil supplémentaire est ainsi rendu inutile.

ANALYSES

Cet appareil a été expérimenté par plusieurs laboratoires, notamment par le Laboratoire d'Hygiène de la Ville de Paris.

Voici le rapport relatif à cette expérience :

« *Laboratoire d'Hygiène de la Ville de Paris, rue des Hospitalières-Saint-Gervais. Appareil de la Compagnie* « SANITAS-OZONE », *destiné à la stérilisation de l'eau.*

« DESCRIPTION DE L'APPAREIL. — L'appareil se compose d'un ozoneur formé de petites électrodes métalliques, entourées d'un diélectrique (verre) et assemblées en faisceau. L'air extérieur pénètre dans cet ozoneur grâce à une trompe placée au-dessous et qui fonctionne dès que se produit l'arrivée d'eau entre l'ozoneur et la trompe. Celle-ci est prolongée par un tube de verre terminé par un raccord en étain, à l'extrémité duquel on recueille l'eau stérilisée.

« L'appareil est placé verticalement et un robinet commande à la fois l'arrivée d'eau et le courant électrique.

« Dès la mise en marche, l'air est aspiré par la trompe, passe dans l'ozoneur où il s'enrichit en ozone, puis se mélange à l'eau destinée à la stérilisation. Le contact du gaz et du liquide est de très courte durée. Le débit maximum prévu pour cet appareil est de 25 litres d'eau à l'heure.

« NATURE DE L'EAU ÉTUDIÉE. — L'eau soumise aux essais était de l'eau de Vanne prise sur la canalisation du Laboratoire. Cette eau étant claire, l'adjonction d'un filtre dégrossisseur à l'appareil a été jugée inutile.

« TECHNIQUE OPÉRATOIRE. — Pour chacun des prélèvements d'eau qui ont été effectués, on a déterminé, dans l'eau brute et l'eau traitée, le nombre de bactéries et de colibacilles en ayant soin de mesurer avant chaque expérience le débit de l'eau de l'appareil.

« La numération des bactéries a été faite sur plaque de Roux, renfermant de la gélatine additionnée de peptone et de sel marin.

« Les plaques ont été conservées quinze jours à l'étuve à 22°, et observées journellement.

« La recherche du colibacille a été pratiquée par ensemencement direct de l'eau dans du bouillon phéniqué. Lorsqu'il se produisait un trouble après un séjour de vingt-quatre heures à l'étuve à 42°, la présence du colibacille était vérifiée par une fermentation sur gélose lactosée.

« Les numérations ont été faites en ensemençant le bouillon phéniqué avec des volumes croissants d'eau à analyser.

« RÉSULTATS. — Les résultats des expériences sont consignés dans le tableau ci-dessous :

	EAU BRUTE		EAU OZONÉE		Débit à l'heure en litres
	Bactéries par cmc	B. Coli par litre	Bactéries par cmc	B. Coli par litre	
1er décembre 1910	1.380	1.000	0	0	42,16
2 —	1.800	200	1	0	50,4
3 —	2.405	333	0	0	29,5
7 —	580	200	0	0	21,6
29 —	80	100	0	0	19,8
30 —	365	100	0	0	18

	EAU BRUTE		EAU OZONÉE		Débit
	Bactéries par cmc	B. Coli par litre	Bactéries par cmc	B. Coli par litre	à l'heure en litres
3 janvier 1911	800	200	0	0	0,42
4 —	800	200	0	0	20,4
5 —	695	50	0	0	18,6
6 —	60	100	0	0	22,2
9 —	290	50	0	0	18,6
10 —	150	50	0	0	18
27 —	40	0	0	0	19,2
31 —	35	0	0	0	17,4
1er février 1911	45	0	0	0	15
10 —	40	25	0	0	16,8

« *Dans les trois premières expériences, le débit a été supérieur à celui qui a été prévu pour l'appareil et malgré cela, on n'a observé qu'un cas où l'eau contenait une bactérie par centimètre cube.*

« *Le débit était alors de* 50l,4, *c'est-à-dire double du débit normal.*

« *Dans tous les autres essais, l'eau ozonée n'a jamais donné ni bactéries, ni* B. coli.

« *En conséquence, on peut dire que dans les conditions indiquées par les inventeurs, c'est-à-dire en employant une eau claire et un débit de* 25 *litres à l'heure, la stérilisation de l'eau est complète. Il est même possible d'augmenter un peu le débit prévu, sans amener de perturbation dans l'excellence des résultats.*

« *Paris, le* 4 *avril* 1911.

Le Chef du Laboratoire :	Le Sous-Chef du Laboratoire :
« Signé : Dr Combier.	Signé : Henriet. »

Ces résultats sont d'autant plus remarquables qu'en l'absence d'un filtre dégrossisseur, jugé inutile par les expérimentateurs, cet appareil destiné à stériliser 25 litres à l'heure, en a stérilisé complètement 42.

Avec l'adjonction d'un filtre dégrossisseur, l'ozone n'étant plus employé en partie à la destruction des matières organiques, il stérilise facilement 80 litres à l'heure d'une eau de source, et 30 à 40 litres d'une eau de rivière chargée de matières organiques et de bactéries.

Les appareils destinés à des débits plus élevés, sont également réglés pour stériliser une eau moyennement chargée en bactéries, sans adjonction de dégrossisseurs.

Appareil d'immeubles. — Pour distribuer de l'eau stérilisée dans plusieurs locaux d'un même immeuble, l'appareil dont le débit est réglé suivant le nombre de locaux à desservir, est logé au dernier étage, dans un placard de 2 mètres environ de hauteur sur 30 centimètres de profondeur et 50 centimètres de largeur.

Une petite canalisation spéciale, parallèle à la canalisation d'eau ordinaire et munie de simples robinets, distribue l'eau stérilisée dans les divers locaux de l'immeuble.

L'ouverture d'un de ces robinets suffit pour déclancher un mécanisme spécial qui met l'appareil en marche.

CHAPITRE VI

Diverses Applications de l'Ozone

L'INDUSTRIE DES PRODUITS CHIMIQUES

L'ozone artificiel peut être utilement appliqué dans l'industrie :

L'iode et ses composés. — Préparation de l'iodoforme. — L'acide iodique I^2O^5 se forme par l'action de l'effluve électrique sur l'iode ; tandis que l'on obtient de l'anhydride iodeux I^2O^3 en faisant passer un courant d'ozone dans un ballon contenant de l'iode à 50°.

L'ozone, agissant sur l'iodure de potassium, met l'iode en liberté et il se produit de la potasse.

C'est sur ce principe qu'est basée la méthode de Schoenbein *et* Houzeau *pour le dosage de l'ozone atmosphérique.*

La combinaison de l'alcool méthylique et de l'iodure de potassium en présence de l'ozone donne de l'iodoforme, suivant la réaction :

$$3\,CH^3 - OH + 9\,KI + 2\,O^3 = 3\,CHI^3 + 9\,KOH$$

On prépare l'iodoforme par l'ozone en chauffant à 50° un mélange d'iodure de potassium et d'alcool à 30 p. 100, sur lequel on fait passer un courant d'ozone.

Le soufre et ses composés. — Désodorisation et blanchiment. — L'ozone réagit sur l'acide sulfhydrique (hydrogène sulfuré) d'après l'équation :

$$3\,H^2S + 4\,O^3 = 3\,SO^4H^2$$

Nous trouvons à appliquer cette formule pour la désodorisation des atmosphères confinées.

Les sulfures de baryum, de calcium, de potassium, de sodium, combinés à l'ozone, donnent des sulfates ; les sulfures de manganèse, de palladium, de plomb forment des peroxydes.

Les peintures au plomb noircies par l'hydrogène sulfuré, par exemple, peuvent donc être ramenées à leur couleur primitive par l'ozone.

Le sulfure d'argent est transformé en sulfate d'argent blanc ; ce qui permet de nettoyer, par l'ozone, les peintures, ainsi que les objets ou passementeries à base d'argent.

Ce procédé de nettoyage par l'ozone peut être utilisé aisément dans les théâtres, cafés et autres établissements publics.

L'action de l'ozone sur les sulfites et les hyposulfites alcalins produit des sulfates.

Préparation de l'acide sulfurique. — M. P. SURCOUF prépare l'acide sulfurique par l'ozone de la manière suivante :

Sur de la mousse de platine, renfermée dans un tube chauffé par un courant de vapeur, sont envoyés de l'ozone et de l'anhydre sulfureux.

La réaction est :

$$3\,SO^2 + O^3 = 3\,SO^3$$

On obtient également de l'acide sulfurique en faisant réagir de l'ozone sur du soufre en présence de l'eau.

Le Brome. — L'action de l'ozone sur le bromure de potassium est indiquée par la formule :

$$2\,KBr + O^3 + H^2O = 2\,KOH + O^2 + Br^2$$

En agissant sur le brome, l'ozone forme de l'acide bromique.

Le Chlore. — Traitement des minerais aurifères. — Le chlore oxydé par l'ozone donne de l'acide chlorique.

L'ozone décompose en chlore et en métal certains chlorures ; avec les chlorures de potassium et de sodium il produit des chlorates.

En faisant passer un courant d'ozone dans de l'acide chlorhydrique, on met le chlore en liberté, et on obtient de l'eau :

$$6\,HCl + O^3 = 3\,H^2O + 6\,Cl$$

L'acide chlorhydrique ainsi traité attaque l'or et forme du chlorure d'or :

$$6\,Cl + 2\,Au = 2\,AuCl^3$$

Ce qui a permis à M. DE LA COUX (1) d'obtenir la dissolution rapide de l'or contenu dans certains minerais aurifères.

L'azotate et l'ammoniaque. — Nous avons vu que l'étincelle électrique agissant dans l'air engendre des vapeurs nitreuses, en même temps que de l'ozone.

MM. HAUTEFEUILLE et CHAPPUIS ont constaté que des effluves, agissant dans un mélange d'oxygène et d'azote, donnent de l'acide nitrique.

L'Atmospheric Products Company prépare industriellement de l'acide azotique en faisant passer un courant électrique dans un mélange d'oxygène et d'azote.

Si l'on ajoute de l'ammoniaque à ce mélange, l'acide azotique se forme abondamment.

Le Phosphore et ses composés. — L'Arsenic et ses composés. — L'ozone transforme le phosphore en acide phosphorique.

L'arsenic s'oxyde également par l'ozone.

L'eau oxygénée. — Avec l'éther et l'alcool, l'ozone produit de l'eau oxygénée.

Le Manganèse. — M. MAQUENNE a étudié l'action de l'ozone sur le manganèse et ses composés.

Il a constaté que les sels manganeux, sous l'influence de l'ozone, sont transformés en hydrate de peroxyde de manganèse, suivant la formule :

$$Mn^2O^5H$$

Il a obtenu de l'acide permanganique avec des solutions d'azotate de manganèse, renfermant de 5 à 48 p. 100 d'acide azotique anhydre.

En agissant sur les sels de manganèse mouillés, l'ozone forme du bioxyde de manganèse et de l'acide permanganique.

Le **potassium**, le **sodium**, le **chrome**, le **cobalt**, le **nickel**, le **zinc**, le **fer**, le **cuivre** sont oxydés par l'ozone, tandis que ce gaz est sans action sur l'**aluminium**, le **platine**, l'**or.**

(1) H. DE LA COUX. *Génie civil*, p. 245, tome XLII, nº 16, 14 février 1903.
H. DE LA COUX. *L'Or*, p. 205. (Bernard Tignol, éditeur, Paris.)

L'ozone n'agit pas sur l'**étain**, tandis qu'il l'attaque en présence de l'eau.

L'acide antimonieux produit, avec l'ozone, de l'acide antimonique.

Au contact de l'ozone, le **bismuth** s'oxyde ; le **plomb** et l'oxyde de plomb deviennent du peroxyde de plomb.

L'ozone transforme le **mercure** en oxyde de mercure, l'*argent humide* en peroxyde.

L'ozone est sans action sur l'*acide carbonique.*

D'après M. MAILLEFER, le **méthane** ou **gaz des marais**, donne de l'acide carbonique en présence de l'ozone.

Le **pétrole** est transformé par l'ozone en **pétrole ozoné**, doué d'une grande puissance oxydante.

Le gaz **éthylène**, traité par l'ozone, produit de l'acide carbonique et de l'acide formique.

En présence de la **térébenthine**. l'ozone est d'abord absorbé, mais il y a ensuite résinification de l'essence.

Le **terpène** s'obtient par l'action de l'ozone sur l'huile de térébenthine.

Le **camphrène**, traité par l'ozone, forme du camphre.

La **benzine**, traitée à chaud par l'ozone, donne de l'acide acétique et de l'acide formique.

L'ozone en réagissant sur l'**alcool méthylique** produit d'abord de l'aldéhyde formique, qui, traité également par l'ozone, se transforme en acide formique.

La réaction de l'ozone sur l'**alcool éthylique** donne de l'aldéhyde ordinaire qui, sous l'influence de l'ozone, forme de l'acide acétique.

L'ozone a également une action sur l'**acide phénique** et l'**aniline**

L'INDUSTRIE DU BLANCHIMENT DIVERSES FABRICATIONS

L'ozone possède une propriété décolorante des plus puissantes ; ce qui permet de l'employer dans l'industrie du blanchiment.

On sait que le blanchiment des tissus est dû à l'action oxydante de l'oxygène ozoné, lorsqu'on les expose à l'air, sur les prairies.

FROHLICH a observé qu'on obtient le même résultat, beaucoup plus rapidement, en faisant agir sur les tissus, l'ozone produit par un générateur industriel, puis en les plongeant dans une faible dissolution de chlorure de chaux.

Cette application se généralise en Allemagne, où l'on traite de la même façon les fibres textiles.

On blanchit également au moyen de l'ozone la **gomme laque**, la **cire**, l'**ivoire**, les **plumes**, les **fécules**, les **amidons**, les **dextrines**, les **huiles**, etc.

On emploie enfin utilement l'ozone, dans l'épuration des huiles industrielles, dans l'amélioration des huiles comestibles, dans l'oxydation des huiles siccatives et la fabrication des vernis, laques et dégras, ainsi que dans la préparation des parfums artificiels : la vanilline, l'héliotropine et l'aubépine.

En **sériciculture**, l'ozone sert à purifier l'air des magnaneries ; dans la **blanchisserie** il est appliqué pour désinfecter le linge et les tissus, et en **photographie**, pour remettre dans leur état primitif des plaques voilées.

L'eau stérilisée par l'ozone trouve son emploi dans la fabrication de l'**eau de Seltz** et de la **glace**, ainsi que dans la conservation des substances alimentaires.

La Viande. — On sait, par exemple, que la viande se putréfie, par l'action de micro-organismes microscopiques, auxquels viennent s'ajouter, pendant les fortes chaleurs, les larves de mouches.

SCOUTTETEN a pu arrêter tout dégagement d'odeur nauséabonde d'un morceau de viande en putréfaction, en l'exposant simplement pendant une minute, dans un récipient renfermant 5 litres d'air ozoné.

On arrive également à empêcher la corruption de la viande, en l'ozonisant.

Nous avons réussi l'expérience suivante : Après avoir fait agir un courant d'ozone sur un morceau de viande fraîchement abattue, nous l'avons placé dans un récipient, préalablement stérilisé par l'ozone et hermétiquement clos.

La viande s'est parfaitement conservée.

Le Lait. — Le lait contient toujours des germes de ferment lactique, qui se développent rapidement et produisent de l'acide lactique. Cet acide nuit à la conservation du lait.

Les ferments lactiques provenant du pis de la vache et des vases destinés à recueillir le lait, il est possible d'en limiter le nombre, en lavant soigneusement ces vases avec de l'eau stérilisée par l'ozone.

Il suffit ensuite de faire barboter dans le lait un très léger courant d'ozone, pour le stériliser. Mais il faut que la dose d'ozone soit exactement calculée pour détruire les ferments, le moindre excès d'ozone laissant au lait une odeur désagréable.

Le lait, ainsi traité, et placé dans des récipients stérilisés et bien fermés, ne se corrompt pas.

Le Beurre. — Le beurre rancit par l'action de l'acide butyrique.

Nous avons pu conserver pendant quinze jours des beurres fermiers, préparés sans le moindre soin, et mal lavés, en les relavant avec de l'eau fortement stérilisée par l'ozone.

Pour réussir cette expérience, il est indispensable de laver les beurres avec de l'eau sortant du stérilisateur. L'excès d'ozone de cette eau est suffisant pour détruire les ferments, que le beurre contient.

Les générateurs d'ozone sont donc tout indiqués dans les fruiteries et dans les laiteries, pour purifier l'air, pour laver au moyen de l'eau stérilisée, les récipients et objets qui servent à recueillir le lait et à fabriquer le beurre, enfin pour stériliser le lait et laver le beurre.

Les Œufs. — L'air en pénétrant dans les œufs, par suite de la porosité des coquilles, les altère rapidement. Les germes que contient l'air, en décomposant le soufre de l'albumine de l'œuf, forment de l'hydrogène sulfuré.

Pour conserver les œufs, on les soustrait à l'action de l'air en les plongeant dans des substances particulières, dans un lait de chaux par exemple.

SCHROEDER a conservé les œufs, sans qu'il se produise la moindre altération, dans de l'air ozoné.

Purification et vieillissement des vins et des eaux-de-vie. — L'alcool le mieux distillé et rectifié contient des impuretés, qui lui donnent un goût âcre, très désagréable au palais, dont on le débarrasse en le laissant vieillir pendant plusieurs années dans des fûts en chêne blanc, légèrement bondés.

L'oxygène de l'air amène la résinification de toutes les matières autres que l'alcool et celui-ci acquiert un arome et un velouté d'autant plus prononcés, qu'il est resté plus longtemps dans le bois.

Le bouquet qui se développe ainsi par l'action de l'oxygène, provient des aldéhydes, des éthers-sels et de l'acétal qui se forment.

Ce procédé de bonification et de vieillissement est très long et fort coûteux, puisqu'un fût d'eau-de-vie de 100 litres et de 70 degrés, perd en vingt ans 30 litres et 20 degrés.

Aussi a-t-on cherché à obtenir le même résultat plus rapidement.

PASTEUR, le premier, proposa l'ozone comme agent d'oxydation, pour vieillir les eaux-de-vie.

Ce procédé est employé couramment aujourd'hui et donne d'excellents résultats.

Voici une formule de traitement que nous avons appliquée en nous servant d'un générateur industriel de la Société « SANITAS-OZONE » :

Faire barboter, deux fois à quinze jours d'intervalle, de l'ozone dans un fût d'eau-de-vie à 70 degrés, à la dose de 2 milligrammes par litre, chaque fois.

Quinze jours après, ramener l'eau-de-vie à 50 degrés, au moyen de petites eaux ou d'eau distillée et pratiquer un troisième traitement semblable.

Filtrer au bout d'un mois et laisser reposer.

Dans quatre mois, l'eau-de-vie a acquis le bouquet d'une eau-de-vie de dix ans.

Les Vins. — Les vins peuvent être traités par l'ozone, dans le double but de les stériliser et de les vieillir.

Les vins sont sujets à diverses maladies : l'acétification, la pousse, l'amertume, la tourne et la graisse, qui sont provoquées par des germes dont le principal est le *mycoderma aceti*, qui transforme son alcool en acide acétique.

On peut éviter ces maladies, soit en stérilisant les moûts par l'ozone, soit en traitant également par l'ozone les vins, après leur fabrication.

L'ozone prévient les maladies des vins et les améliore.

Les vins, comme les alcools, sont vieillis par l'oxygène de l'air, qui les adoucit et forme des dépôts abondants.

On obtient le même résultat très rapidement par l'ozone, qui est un oxydant plus énergique que l'oxygène.

Une importante maison de commerce de Bordeaux traite les vins avec un appareil spécial, construit par la Société « SANITAS-OZONE ».

Le traitement par l'ozone est très délicat, car il faut doser le gaz, suivant la nature du vin et son état au moment du traitement.

Les vins blancs ordinaires du Bordelais, peuvent se traiter de la façon suivante :

Au moyen d'un puissant appareil à compresseur, faire barboter de l'ozone dans le vin, à la dose d'un demi-milligramme par litre.

Laisser reposer un mois, puis filtrer.

La Bière. — Pour obtenir de la bière parfaite, il faut éviter en la fabriquant la production de ferments, susceptibles de l'altérer.

Les bactéries : saccharomyces, *mycoderma aceti*, ferment butyrique, ferment lactique, etc., peuvent se trouver soit dans le moût avant la fermentation, soit dans la bière après sa fabrication.

En se servant d'eau stérilisée par l'ozone et en stérilisant les moûts, on évite ces inconvénients.

L'eau destinée au lavage des tonneaux, des cuves et des bouteilles, devrait également être stérilisée par l'ozone.

Le Cidre. — L'eau ozonée peut trouver en cidrerie son utilisation pour le lavage des fûts, pressoirs et récipients de toute nature, ainsi que pour le lavage des fruits.

L'ozone peut être également employé pour la stérilisation de l'eau, dont on additionne le cidre.

Dans bien d'autres cas, où l'intervention d'un oxydant puissant est nécessaire, l'ozone peut trouver son emploi.

En les passant en revue, nous sortirions du cadre que nous nous sommes tracé : le rôle de l'ozone atmosphérique et les applications de l'ozone artificiel aujourd'hui réalisées.

Fig. 15. — Appareil industriel à compresseur.

TABLE DES MATIÈRES

CHAPITRE PREMIER

CHAPITRE II

CHAPITRE III

CHAPITRE IV

CHAPITRE V

CHAPITRE VI

Imprimerie de la Bourse de Commerce, 35, rue Jean-Jacques-Rousseau, Paris.

www.ingramcontent.com/pod-product-compliance
Ingram Content Group UK Ltd.
Pitfield, Milton Keynes, MK11 3LW, UK
UKHW020213200726
13856UKWH00004B/1361

9 782011 340733